聪颖宝贝科普馆

JIDI DONGWU

极地动物

段依萍◎编著

辽宁美术出版社

图书在版编目(CIP)数据

聪颖宝贝科普馆. 极地动物 / 段依萍编著. —沈阳:
辽宁美术出版社, 2020.8
ISBN 978-7-5314-8839-2

Ⅰ.①聪… Ⅱ.①段… Ⅲ.①科学知识—学前教育—
教学参考资料 Ⅳ.①G613.3

中国版本图书馆 CIP 数据核字(2020)第 147582 号

出　版　者:辽宁美术出版社
地　　　址:沈阳市和平区民族北街 29 号　　邮编:110001
发　行　者:辽宁美术出版社
印　刷　者:北京市松源印刷有限公司
开　　　本:889mm×1194mm　1/16
印　　　张:6
字　　　数:100 千字
出版时间:2020 年 8 月第 1 版
印刷时间:2023 年 4 月第 2 次印刷
责任编辑:罗　楠
装帧设计:宋双成
责任校对:郝　刚
书　　　号:ISBN 978-7-5314-8839-2
定　　　价:88.00 元

邮购部电话:024-83833008
E-mail:lnmscbs@163.com
http://www.lnmscbs.cn
图书如有印装质量问题请与出版部联系调换
出版部电话:024-23835227

前言
FOREWORD

在美丽的地球家园里，生活着各种各样的动物，哪怕是在冰雪覆盖的地球两极。受严酷的环境影响，极地动物大都长有厚实的皮毛，或是长得壮壮的，靠体内的脂肪抵抗寒冷。

环境恶劣的极地，一直被人类视为生命禁区，人类的足迹也很少踏上那片土地。或许正是因为没有人类的侵犯和打扰，极地动物才生活得舒适而惬意，这里也成为这些动物的理想家园。

《极地动物》介绍了许多在世界上极寒冷的南极和北极地区，凭着顽强的毅力繁衍生息的动物。它们中有往返于地球两极的北极燕鸥，有散发着香味的麝牛，有称霸白雪世界的北极熊，有憨态可掬的企鹅，有可爱伶俐的北极狐……这些动物让冰冷的土地有了温暖的颜色，并焕发出无限的生机。让我们一同去体会极地动物不凡的本领和生存的艰辛，让我们更加热爱这些极地朋友。

编　者

1

目录
CONTENTS

目录
CONTENTS

性格古怪的**阿德利企鹅**

阿德利企鹅在南极大陆比较常见，因南极大陆的阿德利地而得名。

捉摸不定的性情

遇到帝企鹅时，阿德利企鹅有时会帮助它们护送它们的幼崽，有时也会攻击它们的幼崽，将把它们赶入大海，有时还会在帮忙后再把它们的幼崽赶下大海。性情可谓是捉摸不定，让人难以揣摩。

忠于感情

每年的繁殖期，阿德利企鹅的配偶都是固定的。双方都会记得彼此的叫声，会通过叫声找到对方。

幼崽间的较量

在有两个孩子的企鹅家庭里，企鹅父母不会直接给孩子喂食，而是会带着孩子们奔跑，让它们进行竞争。企鹅父母会借机观察，然后将食物喂给更强壮的幼崽。落后的小企鹅如果不努力奔跑，很可能就熬不过冬天。因此，一般情况下只有一只小企鹅能活下来。

小档案

别称: 阿黛利企鹅
科名: 企鹅科
特征: 白色的眼圈，蓝绿色的头，黑色的爪子和嘴，嘴角还长有细长的羽毛，短短的腿
分布: 南桑威奇群岛、南乔治亚岛、南极洲
食物: 软体动物、甲壳类、鱼类

"胆小鬼"巴布亚企鹅

巴布亚企鹅也被称为"绅士企鹅",因为它的模样憨态可掬,如同一位绅士,十分可爱。

小档案

别称:金图企鹅、白眉企鹅、绅士企鹅

科名:企鹅科

特征:喙和蹼都是橘红色,头顶有条宽阔的白色条纹,眼睛上方长着白斑,细长的嘴,嘴角为红色

分布:南大洋、南极半岛、拉丁美洲

食物:鱼类、南极磷虾

无与争锋的体型

巴布亚企鹅是帝企鹅和王企鹅之外体型最大的企鹅,身长在 60—80 厘米之间,体重大约为 6 千克。它有橘红色的喙和脚蹼,头顶上的额条纹很宽阔,是白色的,有一个白斑位于眼睛的上方。它的嘴巴又细又长,嘴角是红色的,眼角还有一个三角形,也是红色的。

游泳健将

巴布亚企鹅最善于游泳,最快速度能达到每小时 36 千米。一般情况下,它们在浅海附近活动。它们也会潜入海中 100 米深的地方,但是潜水时间不超过 2 分钟。绝大多数的巴布亚企鹅,潜水深度都不到 20 米。巴布亚企鹅的胆子非常小,贼鸥和豹形海豹都会对它们造成威胁。人们想靠近它们也不容易,因为它们一见人就会赶紧逃走。

✎ 夫妻合力育儿

　　巴布亚企鹅的巢一般由很多石头围圈堆积而成，高为 20 厘米，直径能达到 25 厘米。它们的筑巢材料一般是石头，有时也会用草。冬季雌企鹅下蛋后，雌雄企鹅会轮流孵化小企鹅，因而它们都不需要禁食。为了安全起见，繁殖期间的企鹅只在方圆不超过 20 千米的范围内活动。

"口技专家"白鲸

白鲸对北极的适应能力很强,通常生活在海面或贴近海面的地方,身体是独特的白色,夏季时,皮肤会变为淡黄色,但在蜕皮后消失。

小档案

别称:海金丝雀、贝鲁卡鲸

科名:一角鲸科

特征:黄色或白色的躯体十分粗壮,又小又短的头上有额隆,喙很短

分布:欧洲、美国阿拉斯加和加拿大以北的海域

食物:鱼类、头足类、甲壳类、海虫等

酷爱玩水

新的水域环境会让白鲸兴奋，它们会借助各种"玩具"取乐。当然，它们的玩水行为另有妙用。它们在河底打滚，在水中不停地翻身，这很可能是为了摆脱附着在身上的寄生虫。鲸群迁徙到了河口位置，它们似乎很喜欢新家，因而表现得十分亢奋。它们会发出欢快的声音，彼此间进行交流。还用尾叶的外突戏水玩耍，在水面上或潜或升，身体的一半在水上，一半在水里，好看极了。

白鲸的歌唱

白鲸的声音五花八门，这一点已被科学家们的水下录音所证实。它们会模仿猛兽的吼叫、牛哞哞的声音、猪打呼噜的声音、马嘶声、鸟儿的叫声、女人的尖叫声、病人呻吟的声音和孩子啼哭的声音，甚至连铃声、铰链声、汽船声等都能模仿。白鲸经常用各种声音"歌唱"，实际上这是一种同伴间的交流方式，也是在自得其乐，排解夏季迁徙中的烦闷与枯燥。

亲密大家族

白鲸以不同的方式群居生活，常常成百上千头聚集在一起，而且个体间的联系非常紧密。

胆大无畏的**白鞘嘴鸥**

白鞘嘴鸥又叫雪鞘嘴鸥,这类鸟非常的独特。它的嘴和鹑鸡类很像,可以在地上奔跑。

🖊 圆胖的身体

白鞘嘴鸥体长约为 40 厘米,又圆又胖,身上的羽毛都为白色。嘴是黄色的,很短,基部有小疣状突起。脚又粗又短,没有脚蹼,为蓝灰色。嘴被粗糙的角质鞘遮住,所以被称为"白鞘嘴鸥"。

科名：鞘嘴鸥科

特征：圆圆胖胖的身体，全身都是雪白的，眼睛有绯色的边，黄色的嘴又短又粗

分布：南极海岸及近海海域

食物：腐食、鱼虾、鱿鱼、藻类

吃食时的"小恶魔"

白鞘嘴鸥的食物以食腐为主，经常从别的鸟巢处偷食食物。企鹅父母喂孩子掉下的食物，或者是被遗落的企鹅蛋，它们都会吃掉，有时甚至会攻击小企鹅。白鞘嘴鸥不挑食，有时会捕食鱼类、磷虾或者鱿鱼，也会吃一些藻类。

鸟宝宝的降生

白鞘嘴鸥三岁时就可以交配。每年的夏天，它们把巢筑在企鹅巢附近，在石头缝或石头下产卵，每次两三枚，卵是淡棕色的。孵化期为28天。刚出生的小鸟身上披着灰色的绒毛，大约经过50天就能自己独立生活。

同类相残的**豹形海豹**

豹形海豹长得比较粗犷，喜欢同类相残，是一种凶猛的海豹，大多生活在南极的海洋冰川里。

小档案

别称:豹斑海豹、豹纹海豹

科名:海豹科

特征:大头的形状与爬行类动物相似,长鼻子,强壮的下颌,张合幅度很大

分布:南极大陆边缘所有海域

食物:企鹅、鱼、海鸟、磷虾、乌贼、甲壳类

牙齿特别发达

　　成年的豹形海豹体长为 4.5—5 米，体重最重的能达 300—350 千克。它们的腹部为银灰色，背部为深灰色。身上还有深褐色的斑。它们的牙齿又长又细，犬齿发育最发达，臼齿有三个结节。平时它们用前肢游泳，用下颚来触碰物体。

食相凶猛

　　豹形海豹虽然行动缓慢，但是它们的牙齿有很强的咬合和撕扯能力，所以在水里的捕食能力特别强，常常可以一口吞掉很多大鱼大虾。平时它们喜欢在海里游泳，遇到企鹅时，会用尖利的牙齿穿透企鹅的皮肤。企鹅和磷虾是它们比较喜欢的食物，其中磷虾占了它们食物来源的将近一半。豹形海豹的食物也有乌贼、海鸟和甲壳类动物，有时鲸鱼的尸体也会成为它们的美餐。

独生子女

　　海豹的繁殖期一般在每年的 10 月到 11 月。豹形海豹每胎只能生一个幼崽，妊娠期为九个月。雌海豹会哺育幼崽，雄海豹只负责交配。小海豹一个月后断奶，四五岁才能发育成熟。野生海豹的平均寿命约为 7 年。

自私自利的北海狗

北海狗会潜水到深处捕食猎物，捕到后会把食物撕成小块，然后慢慢吞下，吃饱后会糟践食物。

小档案

别称：海熊、阿拉斯加海狗、腽肭兽
科名：海狮科
特征：短短的吻部，外耳壳偏小，大而厚的前鳍肢；
　　　　上唇有胡须，胡须为白色，每侧20多根
分布：北太平洋千岛群岛和萨哈林岛一带
食物：鲲鱼、毛鳞鱼、鲱鱼等小型鱼类

体型不容忽视

北海狗的长度一般为1.5—2.4米，体重为63—300千克。雄性的颈毛较长较密，毛色较深。雌性的体格没有雄性的大，而且雌性的毛色较浅些。

北海狗的前后鳍肢都是裸露的，没有毛，后鳍肢能向前弯曲，适于陆地上的行走活动。它的尾巴很小，毛色为灰色。它们在海上时毛是灰色的，在陆地上时是棕色的。毛分为外面的粗毛和下面的绒毛两层。海狗的视觉和听觉都很灵敏。

✎ 游泳的习惯

北海狗晚上到岸上睡觉，白天的大多数时间都在海里。它们过着群居生活，一般在繁殖地活动，很少外出。它们平时在海里游动，能潜水 100 多米。

✎ 每年洄游

生活在北太平洋的北海狗，每年都会向南游到加利福尼亚中部的海岸，之后再返回太平洋，这一来一去就得 8 个月。它们在洄游时，与海岸一直保持着至少 10 英里的距离。

穿"皮大衣"的北极狐

在寒冷的北极，活跃着一种精灵般的动物——北极狐，它体型娇小，全身洁白光亮，尾巴松软硕大。

别具一格的身体结构

北极狐的体型非常小巧，可以减少热量的散失。腿部具有丰富的毛细血管，通过血液流通，可保持脚部的温暖。严寒时，北极狐常常缩成一团，用大尾巴遮住自己的头，像裹了一层厚厚的棉被。

小档案

别称：白狐、蓝狐

科名：犬科

特征：小体型，但显得肥胖，雄性比雌性稍大，吻尖，又短又圆的耳朵，颊后长毛

分布：亚洲、欧洲、北美洲北部、北极圈外

食物：鸟类和鸟卵

抵抗寒冷的"武器"

北极狐的毛分为两种。贴身的绒毛细细密密的。外面是针毛，细长而中空。这种毛的结构，让中空的部分聚集了大量空气，不仅可以阻止身体热量散失，还能防止严寒的侵入。这身天然的"皮外套"，将北极狐全副武装了起来。

舒适的巢穴

北极狐能在零下50℃的冰原上生活。它的巢穴一般都在向阳的丘陵地带，并且有好几个出口，能抵御野兽侵害，抵抗风雪，有时还可贮藏食物。

北极狐有变色狐和蓝色狐两种。它们身体的颜色都和周围的环境相适应，能起到保护作用。北极狐的耐力十足，能在数月之间，从太平洋迁徙到大西洋沿岸，并且从不迷路。可是，由于长途迁徙，北极狐会患上"疯舞病"，导致数量大量减少。

狡猾残忍的北极狼

北极狼的背部与腿部都很有力，平时行进的速度大概为 10 千米 / 小时，捕猎时能高达 65 千米 / 小时，最快时一步能跨出 5 米。

捕猎大战

北极狼是食肉动物，对于弱小的驯鹿或麝牛，它们虎视眈眈，而且会由雄狼统一指挥进行围捕。它们从不同的方向进行包围，缓慢地接近目标，伺机猛然进攻。即便围捕失败，它们也决不放弃，而是死死地追赶，猎物一旦体力不支时就会成为它们的囊中之物。北极狼在追赶时不是一头狼孤注一掷，而是多头狼轮番上阵，真是狡猾极了。

令人恐惧的牙齿

北极狼体型中等，身高为 64—80 厘米，体重一般为 35—45 千克。被饲养的北极狼能活过 17 年，野外的北极狼却往往活不到 7 年。北极狼牙齿特别锋利，便于捕杀猎物。

别称:白狼

科名:犬科

特征:身体有红、灰、白、黑四种颜色,全身布满厚厚的毛,有尖利的牙齿

分布:加拿大北部、格陵兰北部、亚欧大陆北部

食物:驼鹿、旅鼠、兔子、海象、鱼类

狼王主宰

　　每一群狼中,都有一头雄狼领头。所有的狼不管大小雄雌,都有等级划分。优势雌狼有很大的权威性,可以控制群里的所有雌狼;一个狼群中,优势雄狼就是绝对的主宰,可以首先享用食物,然后才会轮到其他的狼。一般情况下,繁衍后代都在优势雄狼和优势雌狼之间进行,可以保持种族的优良性。

像羊驼的北极兔

北极兔容易驯服，但并不像其他兔子那样羞怯胆小。它们在遇到危险时，会用后脚跳跃逃跑，跳跃的姿势和袋鼠相像。

体色随季节而变

北极兔的身体颜色会随着季节变化而变化。夏天时，它的后背呈现浅灰色，颈部和腹部是暗蓝灰色的。冬天到了，它的后背就变为白色，身上的毛从根部开始都是白色的，只有耳尖是黑色的。这样的特征能够及时地在夏季散热，也能在冬季汲取阳光，保持适中的身体温度。

外号"雪鞋兔"

北极兔能在北极寒冷的环境中奔跑跳跃,是因为它的脚掌特别宽,而且长有厚毛,能减少脚掌的受压情况,移动身体时不至于下陷。北美地区的北极兔有着"雪鞋兔"的美称。

保护罩似的毛

北极兔有两层毛,因此毛量比较多。里层的毛很短,而且很密,能保持体温;外面的毛长,并且蓬松得很,这样就能像保护罩一样,阻止体温的散失,也避免了脏东西的沾染。

小档案

别称:蓝兔、山兔

科名:兔科

特征:与普通的兔子相比,身材更大更长,耳朵相对稍小一些,长腿,四肢灵活

分布:格陵兰岛、加拿大

食物:苔藓、树根等植物

前掌为"桨"的北极熊

由于全球变暖的影响，冰盖大量消失，让北极熊的生存面临着严峻的挑战。北极熊善游泳，全是熊掌的功劳。熊掌宽大犹如双桨，因此在海水里它可以用两条前腿奋力前划，一口气可以畅游四五十千米。

防寒有绝招

北极熊有一件天然的"防寒服"，它的体毛最外层长长的，里面贴身的内毛又细又短。外毛是中空的，可以储存大量的空气，起隔热保温的作用。北极熊的内毛有很强的防水功能，下水捕捉食物时，能防止冰水的侵害。

精心建造房子

北极熊会在背风处的雪堆上挖洞，"雪洞"的大门和通道都很狭窄，它的两个房间一个是卧室，另一个用来贮存食物。卧室的上边还会留一个出气孔。

狡猾的猎手

北极熊外表憨憨的，捕食海豹时却非常狡猾。它能在冰盖上几个小时呆立不动，会躲开海豹的视线，慢慢地靠近，还会用白色的爪子遮挡黑色的鼻子。海豹从冰下露出头呼吸时，北极熊就迅速地击碎它的头盖骨，然后拖到冰上。

小档案

别称：白熊

科名：熊科

特征：相对棕熊来说，头部长，脸稍小，又小又圆的耳朵，细长的颈部，宽大的脚

分布：北冰洋附近有浮冰的海域

食物：冬季主食海豹、海鸟和鱼类，夏季则捕食旅鸟、鸟卵，也吃野果和植物

矫健激情的北极燕鸥

北极燕鸥善于飞行,也争强好胜。虽然它们会经常打架,但是如果有外敌侵入时,它们就会一致对外。

体态优美

北极燕鸥体型中等,体长为33—36厘米,体重约为80—120克,头顶有块黑色的部分,羽毛的颜色一般为灰或白色,前额、脸颊、颈部都为白色,翅膀为淡灰色。鸟喙和脚都为红色。

长途迁徙

北极燕鸥适合远程飞行,当冬季降临北极时,它们就朝南飞,穿过赤道,几乎绕赤道半圈才飞到南极洲,在那里度过夏季。当南极到了冬季时,它们就会再回到北极。每年往返一次,要飞行上万千米。

高姿态的求偶方式

六七月是北极燕鸥的繁殖期。它们的求偶方式很简单，就是雌燕鸥向雄燕鸥要食物，如果雄燕鸥积极回应，那么就能吸引雌燕鸥的兴趣。雄燕鸥如果捉到了鱼，就会衔着在空中飞翔盘旋，大声叫着，以此吸引雌燕鸥的目光。雄燕鸥的礼物最后会到达钟情于它的雌燕鸥嘴里。

雌燕鸥产卵、孵卵期间，需要雄燕鸥大量捕鱼来补充营养，期间雄燕鸥会不停地在捕食的场所和繁殖地之间飞行。如果雄燕鸥能保证鱼虾等食物的供应，刚孵化出的幼鸟的存活率就比较高。

小档案

科名: 鸥科

特征: 幼鸟和成鸟长得不一样,脚和喙都是黑色的,一双"鳞片状"的翅膀

分布: 北极及周边区域

食物: 鱼类、甲壳类、头足类

蹦蹦跳跳的北跳岩企鹅

如果某对北跳岩企鹅夫妇的孩子全部夭折了，它们就会盯上其他企鹅夫妇的孩子，抓住时机就去抢夺。如果没有抢到，它们就会换个目标继续去抢夺，直到抢到孩子为止。

攀岩能手

北跳岩企鹅借助跳跃行走，通常一跃能达到 30 厘米高，这样它们可以顺利地通过丘陵、坑穴。它们的巢筑在松动的石块上，或者在悬崖峭壁间。北跳岩企鹅攀缘本领高强，而且跳跃能力突出，因此而得名。

游泳健将

在陆地上，北跳岩企鹅的行走速度并不快，可是不同于其他企鹅用肚子在冰面上滑行，北跳岩企鹅至少能腾挪跳跃。它们也是游泳健将，在水中游行的速度能达 7 千米/小时。

忠贞的爱情

和人类相似，北跳岩企鹅也奉行"一夫一妻"制。只要结成配偶，就永不分离，一起繁衍后代。如果雄性北跳岩企鹅想出轨，雌性企鹅就会攻击其他的雌性企鹅，直到把它们都赶走。

小档案

别称：凤头黄眉企鹅北部亚种

科名：企鹅科

特征："鸡冠头"的喙，红眼睛，眼睛上方和耳朵两侧有会竖起来的装饰翎毛，为金黄色

分布：亚南极地区、南美洲的南端地区、非洲

食物：磷虾、多春鱼等

顽皮可爱的带纹海豹

带纹海豹为寒带物种，通常单独生活；日行性，白天游于海中寻觅食物，夜间爬上浮冰休息。

海豹宝宝褪毛

到了繁殖期，各种各样的海豹都会聚集在一起。随着春季的到来，破冰季开始了，成年带纹海豹会在浮冰上进行繁殖，幼崽会在浮冰上褪毛。

斑纹代表长大

成年带纹海豹的皮毛上有四条白色斑纹（或者夹杂黄色），其中颈部有一条，前鳍肢各有一条，后鳍肢前的下背部也有一条，这样它的身体就以黑白分明的图案形象出现，很是引人注目。斑纹的位置不一样，大小也不同。成年带纹海豹12岁左右才出现斑纹，换毛后更是明显。

捕食靠"潜"

不同的年龄、不同的季节、不同的位置，都会造成带纹海豹捕食习性的不同。雌性带纹海豹产崽和哺乳期是禁食的，幼小的带纹海豹主要吃虾和小型的甲壳类动物。成年的带纹海豹以各种头足类动物、甲壳类动物和鱼类为食，每天吃的食物能达到7.7千克。它们常常会潜入水下600米处。

小档案

别称：绶带海豹、环海豹
科名：海豹科
特征：圆柱形的身体，成年雄性毛色为红褐色，换毛后为黑色，雌性的毛色相对较浅
分布：白令海、北太平洋、鄂霍次克海
食物：甲壳类、头足类、鱼类

"南极名流"帝企鹅

帝企鹅是企鹅家族中的大个头，成年帝企鹅最高可达 1.3 米。

📝 毛绒外套

帝企鹅的身体上覆盖着一层厚厚的羽毛，如同一件可以取暖的厚外套。帝企鹅身体上还有厚厚的脂肪，即使周围的气温达到零下 40℃，它的内部体温也能达到 39℃，但身体外部的温度比周围的气温还低。

浮冰上的聚会

在南极的海岸和浮冰上，经常可以看到几百只甚至成千上万只帝企鹅聚集在一起，最多时甚至有20万只左右。它们队伍整齐，间隔相等，十分壮观。当天气恶劣时，它们聚在一起抱团取暖，抵挡严寒。气温回升，它们才会扩散出去游玩和觅食。

深不可测的"潜水员"

帝企鹅一般要潜入水底150—250米处寻找食物，最深潜水记录竟然达到了水下565米。一般情况下，帝企鹅吃大海中的鱼虾和头足类动物，在缺少食物的情况下，它们也会吃小鱼和乌贼充饥。豹形海豹、虎鲸等是它们的天敌。野生帝企鹅的寿命在10年左右，长的能达到20年。

小档案

别称:皇帝企鹅

科名:企鹅科

特征:毛色为黑白两色，橙色的颈部，颈下面的羽毛有一片逐渐变浅的橙黄色

分布:南极以及周围岛屿

食物:小鱼、乌贼、甲壳类

头上长"角"的独角鲸

独角鲸的繁殖期在冬季。幼鲸的体型很大,相当于母亲体积的三分之一,生下来就非常强健。

小档案

别称:一角鲸、长枪鲸

科名:一角鲸科

特征:又小又圆的头,嘴和喙都不太看得出来,嘴部前方有呈小幅度上翘的突出的额隆

分布:北冰洋、格陵兰海等

食物:大比目鱼、北极鳕鱼、乌贼、虾等

长牙是尊贵的象征

独角鲸的身长一般为 4—5 米(不包括长牙),体重为 900—1600 千克,没有背鳍,腹部为白色,背部有黑或深褐色的斑点。最独特的是,独角鲸的脑袋上有长达二三米的长牙,形状像角,所以被称为"独角鲸"。牙齿是独角鲸身份的象征,牙齿越长越粗,地位就越高。

海洋深处的潜水员

独角鲸一般在夏季吃得很少,在冬季拼命进食。它们喜欢吃大比目鱼,所以必须潜入到海洋深处,最深处能达到 1800 米。

独角鲸会长时间潜水,不会在水面停留太久,捕食没有规律性。迁徙时的游动速度特别快。休息时背部露出或者一只背鳍露出,长牙能够扬水。

争强好斗

年轻的独角鲸之间会有打斗,但是不会伤和气,它们的长牙不会去刺伤对方。成年的独角鲸却不那么友好,经常会伤痕累累。

凶猛的格陵兰睡鲨

格陵兰睡鲨每年大约只长1厘米，这样的生长速度可谓是非常的慢。跟大部分的鲨鱼一样，有很典型的鳍。

凶猛的外表

格陵兰睡鲨体重一般为700—1000千克，体长为0.4—6.4米，最长的体长能达到6.5米。它们体型比较大，吻部又短又圆，鳃狭缝也比较窄。它们的整个身体上有暗线或斑点，背鳍没有硬骨，身体呈现棕色——黑色——灰色的颜色变化。睡鲨的牙齿比较细密，也很锐利。

小档案

别称: 格陵兰鲨、小头睡鲨、灰鲨、大西洋睡鲨

科名: 角鲨科

特征: 个头很大，背鳍没有硬骨，短而圆的吻部，鳃狭缝比较窄

分布: 格陵兰和冰岛周围的北大西洋海域

食物: 腹足类、头足类、鱼类、棘皮动物

捕食能力强

格陵兰睡鲨行动非常缓慢，但捕食能力却很强。即使是行动迅速的鱼和海豹等，它们也能轻易地捕食。当食物严重短缺时，它们会猎食同类。鲨鱼毒对它们不会造成威胁，因为它们自身能抵抗鲨鱼毒。

不过有种寄生的桡足动物，会让格陵兰睡鲨的眼角膜受到损伤，导致眼睛局部失明。但是这种桡足动物会导致生物发光，能吸引更多的猎物，所以很多动作迅速诸如章鱼之类的猎物，也会被格陵兰睡鲨捕获。

一百多岁才找配偶

格陵兰睡鲨是卵胎生的动物，寿命最长能达到 400 年，是世界上最长寿的脊椎动物。它们的个体至少要到 156 岁才成熟，这时才可能找到配偶，也就是说，它们要独自生活一个多世纪。

自立性很强的冠海豹

生活在北极的冠海豹因头上有个像帽子又像鸡冠的黑色皮囊，因此而得名。

小档案

别称: 囊鼻海豹

科名: 海豹科

特征: 奶油灰色的胎毛会在产前蜕落,继而长出板石蓝色的短毛,腹部颜色较淡,面部颜色较深

分布: 亚北极区,北大西洋的北极

食物: 鲑鱼、鳕、鲱、章鱼、乌贼等

鼻囊会膨胀

冠海豹全身是银灰色,身上也有黑色、褐黑或深褐色的斑纹。头骨脑颅短,吻部长且宽,与向后伸展的腭骨形成方形。它的皮下脂肪能达到 3.4—4.5 厘米。雄海豹的鼻囊膨胀厉害,膨胀后能达到 30 厘米长。

🖊 易被激怒

被激怒时,雄性冠海豹的鼻囊能膨胀到直径 17—18 厘米,鼻球变得又亮又红。由于全球气候的变暖,北极已经不太适宜它们生存,目前濒临灭绝。

🖊 哺乳期很短

雌性冠海豹要经过 2—9 年成熟,雄性冠海豹要经过 4—6 年才能性成熟。每年的二月底,冠海豹进行交配,到了三月底到四月初期间,雌海豹就趴在浮冰上准备生产。刚出生的小海豹体长为 87—115 厘米,体重为 23—30 千克。哺乳期非常短,为 7—12 天。

"舵手"海豹

海豹胖乎乎的，皮肤光滑，脑袋圆圆的，眼睛又黑又亮。

游泳靠鳍肢

海豹虽然身体笨重，但是强有力的前肢能支撑它的身体，让它能在地上迅速移动。海豹的前肢既能把食物送进嘴里，还能抓痒。在水下，鳍肢特别灵活，后鳍肢就像一个船舵，拨动水产生强大的推力，让海豹迅速前进。

聪明的海豹

平时海豹吃饱后，就会漂浮在海面上睡觉。冬天气候寒冷，它们就会在冰下生活，聪明的海豹会用尖利的牙齿将冰层咬出一个个小洞，这样阳光就能射进来，同时还能呼吸到新鲜空气。

耳朵的秘密

为了适应水下的生活，海豹的耳朵已经变得很小了，有的已经退化成两个小小的洞。而且在大脑的控制下，这两个洞可以自如地开关，可以避免耳朵进水，真是太神奇了。

有獠牙的海象

海象是继鲸鱼、大象、象海豹之后的第四大哺乳动物,是生活在海中的大象。它们身体庞大,雄的体长可达三米。

小档案

科名: 海象科

特征: 圆筒形的身体,扁平的头部,吻钝;上唇长有400多根钢髯,又长又硬

分布: 以北冰洋为中心,也见于大西洋和太平洋北部

食物: 瓣鳃类软体动物,乌贼、虾、蟹和蠕虫等

獠牙作用大

海象的显著标志就是有两枚长长的獠牙,虽然难看,但是作用不小。遭遇北极熊时,獠牙就是抵抗敌人进攻的有力武器。獠牙还有钩子的功能,海象用獠牙挂住冰层,可以把自己从水里拖到冰面上。海象在水底游泳时间过长时,可以用獠牙穿透冰层,利用钻出的孔隙来呼吸。如果小海象卡在冰面上了,獠牙就成了海象妈妈拯救孩子的工具。正因为作用巨大,所以海象的獠牙一生都在生长,最长的獠牙可达一米多长。

"变色龙"

在陆地上时,海象的身体是棕红色的,到了水里就变成了灰白色。原来造成这一切的都是由于海象身体表层的皮肤进行了血液循环的缘故。海象皮肤表层有非常多的毛细血管,当泡在冰冷的海水里时,它们的动脉血管会因受冷而收缩,导致血流不畅,皮肤就会呈灰白色。到了地面时,情况就相反,血流顺畅,皮肤就呈现棕红色。

抱团取暖

海象不喜欢孤独,一般都是群居生活。它们会聚集在大海上,也会在陆地上成群结队。海象群很壮观,有时有几千头。海象群中也会有恃强凌弱的争斗现象,但是海象妈妈会无微不至地照顾自己的孩子,并保护它们。

捕鱼能手海鹦

海鹦是一种美丽的鸟儿，面部颜色鲜艳，像鹦鹉般可爱。

42

悬崖上筑巢

海鹦成群结队地在海岸和岛屿上生活。它们的巢一般筑在悬崖峭壁上,这样能躲避危险。雄鸟负责筑巢,和雌鸟一起孵化喂养幼鸟。六周以后,幼鸟开始独立生活。

名字的由来

海鹦对人的视觉很有冲击力,面部集中了橘红、白色、黑色和褐色,特别醒目。它的美丽和鹦鹉可以媲美,又生活在大海上,因而有"海鹦"之名。

集体的力量

和人类一样,不管是迁徙还是栖息,海鹦都喜欢集体生活在一起,这样可以用团结的力量,击退那些恶意来犯的鸟儿。如果有鸟不知死活侵入,它们就会在空中形成环状,将其圈起来,让对手昏头昏脑的,不得不败退。

四季换羽的柳雷鸟

柳雷鸟一般在树林里活动，有时候会飞到农田里去。除了繁殖期，其他时候柳雷鸟都是成群活动的，冬天最多的时候可以达到上百只。

得名"柳雷鸟"

柳雷鸟的身体长度为36—45毫米,相对而言,雄鸟比雌鸟体长,也更重一些。成年的雄鸟有华丽的羽毛,面颊是艳红色的,前额为黑色,头顶到颈部这一段是浅褐色的,而颈部、喉部和颏部都为浓绿色,耳边的羽毛是黑色的,并且带有蓝绿的彩色金属光泽。"柳雷鸟"这个名字的由来则是因为其颈部下方有一个白色的颈环。

变化的栖息地

柳雷鸟是一种生活在寒带的鸟类,它们的栖息地随季节的变化而变化。夏天和秋天一般栖息在幼桦树林、生长着块状松林的苔藓沼泽地,以桦树为主的混交林,附近有耕地的小块的阔叶林,在一些灌木丛林中也可以看到它们的身影。冬天他们则栖息在柳树丛林或小片森林沿河的地方。

四季换羽

柳雷鸟一年四季都会换羽毛。雄鸟一般在婚后完全更换夏羽,而冬季之前则将冬羽更换完毕,春羽和秋羽就只简单进行局部替换。柳雷鸟的冬羽是雪白的,雌、雄都一样。雄鸟的春羽是头部、颈部和胸部为栗棕色有横斑的。雄鸟繁殖前开始更换华丽的"婚羽",用来吸引雌鸟。柳雷鸟的夏羽是黑棕色的,并且带有棕黄色的斑纹。当秋天植物都枯黄的时候,则换成黄栗色的秋羽。

小档案

别称:雷鸟、柳鸡、雪鸡、苏衣尔

科名:松鸡科

特征:腿上的毛又厚又长,脚趾也覆盖其中,包括脚距的周围都有长长的毛,鼻孔的外也长有羽毛

分布:北美北部、欧亚大陆北部

食物:植物的芽苞、微枝、绿叶,草籽,浆果

45

队伍庞大的锯齿海豹

有人也叫锯齿海豹为食蟹海豹，其实这个说法不准确，要知道南极并没有多少蟹类，根本不够锯齿海豹吃的。

身上常有伤

锯齿海豹重约 200 千克，体长约 2.5 米。它们的体色有银灰色和深灰色的变化，有时会出现浅红色。它们背上的颜色比腹部的颜色深一些。绝大多数的锯齿海豹身上会有伤，一般是受虎鲸侵害造成的，也有的是在争夺配偶的过程中打斗造成的。

海豹宝宝的降生

雌性锯齿海豹要两年才能发育成熟，它的孕期为 9 个月。小锯齿海豹在冰上降生，每年只有一头。到了温暖的季节，雌性锯齿海豹会带着自己的几个儿女，在海冰上生活，偶尔也会有一头雄性锯齿海豹临时加入。

队伍庞大

南极的海豹种类不少，但数量最多的要数锯齿海豹，约有 3000 万头，占到南极海豹总数量的九成，同时也是世上数量最多的海豹。有人估计，世上数量最多的大型哺乳动物可能也非它们莫属。

小档案

别称：食蟹海豹
科名：海豹科
特征：体色不一，从银灰色到深灰色都有，有时
      呈淡红色的，口中有像锯齿一样的牙齿
分布：南极
食物：磷虾

"食物收割机"旅鼠

为了适应惊人的繁殖力，旅鼠必须补充相当自身两倍的食物。一年下来，一只旅鼠能吃45千克的食物，简直是"食物收割机"啊！

毛色的变化

旅鼠属于哺乳类动物,娇小可爱,它们一般在北极地带活动。旅鼠的毛分为上下两层,上层的呈现为浅灰色或浅红褐色(有时也会变成橘红色),下层的毛颜色浅一点。冬天到了,旅鼠的毛全变成了白色,这样可以保护自己。

迁徙的代价

生活在北极苔原地区的旅鼠数量越来越多,食物越来越少,它们不得不离开生活的地区,以一天十英里的速度迁徙。由于迁徙的速度太快,有些老弱病残支撑不住,导致大量死亡。

惊人的繁殖力

旅鼠是世上繁殖能力最强的动物,只需要20多天,幼崽就能个体成熟,并且进行生育,其一胎最多的时候能生12只。假设一对旅鼠从春天开始生育,到秋天就会有成千上万个后代。

小档案

科名:仓鼠科
特征:身体呈椭圆形,短腿,小耳朵,体毛柔软,
　　　　不算尾巴,体长10—18厘米
分布:挪威北部和亚欧大陆的高纬度针叶林
食物:根、嫩枝、青草、其他植物
天敌:北极狐、北极熊、黄鼠狼、雪鸮、贼鸥等

自身发光的**南极磷虾**

在南极生态系统中，南极磷虾是非常重要的物种。地球上约有5亿吨南极磷虾，它们可谓是"地球上最成功动物物种"。

消化系统

南极磷虾主要吃硅藻类等浮游植物，用胃的齿臼把硅藻磨碎，然后在肝胰脏里进行消化。它的食道的消化功能不好，所以消化的粪便里仍有大量的残留碳。

发光的秘密

南极磷虾的眼柄、胸部及腹部有由发光细胞、反射器和晶体组成的"发光器"。在发光细胞中,荧光蛋白酶会让荧光素发出蓝色的冷光,经过反射器的反射和晶体的聚焦,就会成为南极磷虾头胸部的磷光。这些磷光可以模糊南极磷虾的身影,减少被别的动物捕食的可能。有人认为,在寻找同伴和求偶方面,这些发光器也功不可没。

适应能力差

南大洋的水温一直很低,没有水质的明显变化,南极磷虾的生活环境相对比较稳定。一旦环境稍微变化,南极磷虾就会变得不能适应。成年的南极磷虾喜欢在低盐和温度稍高的水域里活动。

小档案

别称:南极大磷虾、大磷虾

科名:磷虾科

特征:成体长 1—2 厘米,体重 2 克左右,短小的
胸甲与甲壳连接在一起

分布:南极洲水域

食物:微小的浮游植物

带"防冻液"的南极鱼

南极鱼能在海下 500 米深的地方生活，体长最长时能达到 44 厘米。南极鱼营养丰富，很受大家的欢迎。

⬛ 抗冷有异能

南极鱼生活在南极洲附近，周围的温度一般在零下 19℃左右。为了适应这种极端环境，南极鱼进化出了抗冻糖蛋白。这种抗冻糖蛋白存于成鱼的体液中，可以降低鱼类体液的冰点，让鱼类的体液在零下 19℃的环境下也不结冰，就像人类汽车油箱中的防冻液一样。这些抗冻糖蛋白让南极鱼的存活率明显提高。

⬛ 高温的恐惧

人类的捕食在一定程度上威胁了南极鱼的生存，但是最大的恐惧却来自气候的改变。近年来，由于人类活动在一定程度上导致气温升高，南极附近的海水也开始变暖。南极鱼本身对于温度的变化十分敏感，它们已经适应了严寒环境，温度的升高会引发它们的恐慌，也会导致大量南极鱼的死亡。

小档案

别称：寒极鱼

科名：南极鱼科

特征：体内的钙含量很大，还有丰富的鱼脂肪 DHA、EPA 等成分，但不含血红素

分布：福克兰岛陆架、西南大西洋温带海域

食物：浮游性甲壳类

"瑜伽大师"南象海豹

南象海豹的潜水深度最高可达 2300 米, 仅次于"潜水冠军"柯氏喙鲸。

鼻子会膨胀

雄南象海豹的体长约 6.5 米,体重约为 4000 千克。雌海豹相对小一些,体长大约 3.5 米,体重约为 1000 千克。南象海豹情绪变化时,会利用鼻子的膨胀发出很响的声音,所以有"象海豹"的名称。一般情况下,南象海豹的体毛都为银灰色,年老的或有淡褐和淡黄色。

外表邋遢身体柔软

平时南象海豹很不讲究卫生,特别是换毛季,它们会在泥坑里把自己弄得脏兮兮的,看起来非常邋遢。它们的身体很软,头部能向背部和尾部弯曲超过 90°。

繁衍后代

南象海豹的孕期为 11 个月左右,哺乳期为 3 周。刚出生的小海豹约重 50 千克,体长 1.3 米左右。雌海豹要经过两三年发育成熟,雄海豹要经过 4—6 年发育成熟。

小档案

别称:南象形海豹

科名:海豹科

特征:纺锤形的身体粗胖而柔软,能够向背后弯曲,使身体呈 U 形

分布:围绕南极的大洋岛屿和南极大陆岸边

食物:南极鱼

滑翔能手漂泊信天翁

漂泊信天翁到了4岁后就会回到自己的出生地寻找配偶，它们不会轻易结伴，而是要经过两年的观察才会确定对方。

滑翔本领高

漂泊信天翁是鸟类中翼翅最大的一种，平常翼翅展开时能达到2.5米以上，有的漂泊信天翁比较大，翼展最长可达约3.7米。优良的身体条件让漂泊信天翁具备较强的滑翔能力，它们可以不用挥动翅膀就能在空中飞几个小时。而且，漂泊信天翁每降落一米的高度，滑翔的距离就能达到22米。

抚育幼鸟

长到六七岁时，漂泊信天翁就成年了，雌鸟开始产蛋，每次产一枚，白色的蛋差不多长10厘米，壳上有斑点。漂泊信天翁的孵化期为78天，看护20天。幼鸟出壳后，雌鸟和雄鸟会共同哺育孩子，当幼鸟的身体长到父母的三分之二大小时，哺育的过程才算结束。

科名:信天翁科
特征:身体为白色,翅膀有黑、白两色,雌性的翅膀比雄性的稍白些
分布:南冰洋附近
食物:小鱼、乌贼、船只丢弃的废物

伪装高手绒鸭

绒鸭的大小一般如中型野鸭,体重较重,浑身滚圆,它们的羽毛的保暖性很强。

绒鸭宝宝的出生

绒鸭喜欢自己孵蛋,对环境的要求不高,有时地上一个浅坑,它们铺上草秆就成了窝,在里面生蛋孵蛋。绒鸭孵蛋的时间较长,大约需要4个星期。它们会把自己的小鸭绒铺在窝里,让窝舒适也保暖。绒鸭孵蛋很有耐心,一般外出觅食的时间非常短,几乎不离巢。小鸭出壳几小时后就能散步了,而且马上会游泳和潜水。

🖊 与海鸥为邻

有一种欧绒鸭,它们的窝紧邻一种海鸥的窝。这种海鸥有侵略性,常偷绒鸭蛋和幼鸭。但是绒鸭还是能借助它们的力量,来赶走贼鸥和北极狐等,减少一定的侵害。

🖊 颜色多彩

雌绒鸭体型较小些,颜色不如雄绒鸭鲜亮。雄绒鸭的头顶、身体的两侧、腹部、尾巴是黑色的,胸部是浅桃红色的。雄绒鸭的翅膀是黑白相间的,雌绒鸭的则呈纯褐色。幼鸭的颜色和雌绒鸭相近。

穿"羽绒外套"的麝牛

麝牛一般体长 1.8—2.45 米，体重 200—410 千克，体型较大，矮粗，毛厚耐寒。

抗寒能力强

麝牛在冬季时只吃很少的雪，靠自身热量将雪融化成水，既可以满足身体对水的需要，同时也能避免能量的过度损耗。麝牛身上的绒毛很长，所以它们能忍受北极零下四五十度的严寒。即使是风雪交加的天气，它们依然能安之若素。

绝不会逃跑

遇到狼和熊的侵犯时，麝牛不会选择逃跑，而是整个群体共同抗敌，幼牛被保护在队伍中央，成年的公牛打头阵。它们会选择时机攻击对方，头上的角是锐利的武器。采取了进攻行动后，公牛会马上回归队伍，等待对手的反应。由于有身上长毛的保护，公牛可以避免被咬伤。

训练有素的队伍

麝牛喜欢集体居住，冬天时往往能汇集几十甚至上百头，夏天时数量少些。雄麝牛会有各自的小组，每组有自己的"组长"，所有的小组统一由一头年龄较大的麝牛领导。麝牛在前行时，总是有一头勇猛的雄麝牛冲锋在前。整个大军指挥有度，浩浩荡荡。

小档案

别称：北极麝牛、麝香牛
科名：牛科
特征：身体高大敦实，雌性稍小，吻和鼻子裸露在外，眼睛又大又圆，体毛遮盖耳朵
分布：北美洲极北地区
食物：草和灌木的枝条

"游泳健将"竖琴海豹

大多数时间，竖琴海豹都生活在水里，它们上岸也选在晚上，到了繁殖期和脱毛期，它们不得不在陆地上停留得稍久一些。

外形特征

成年的竖琴海豹是银灰色的，头部呈现黑色，身体两旁有黑色的斑纹。雌性的身上有黑的斑点，脸部要白一些，也带有斑点。竖琴海豹的面部较宽，胡须长得很好看。小海豹刚出生时，胎毛是白色的，大概半个月后才呈现出银灰色，不过身上的黑斑没有特定的生长规律。

游泳健将

竖琴海豹很少离开海水，在水里游泳的最高时速能达到20多千米，而且它们很善于潜水，有的可以潜到水下600多米。它们的前后鳍肢能调节体温，在水里还能起到推动身体的作用。

胡须的感知功能

竖琴海豹的视觉与听觉都很发达。它们的胡须有一种神奇的功能，能感知到猎物或天敌的低频运动。它们听力超群，即使有上万只小海豹，它们也能通过鸣叫识别出自己的孩子。平时，它们总会观察周围的动静，如果出现危险，就迅速地逃离。它们的嗅觉稍逊一点，但是仍能分辨出自己的幼崽或者天敌。

小档案

别称：恋冰海豹、格陵兰海豹、天琴海豹
科名：海豹科
特征：宽阔的面部，两眼距离较近，黑色的爪子十分强壮，银白色的皮毛十分光滑
分布：亚特兰大以北到北冰洋间的极地地区
食物：鲱鱼、香鱼、鳕鱼等

抱团取暖的 王企鹅

王企鹅平时走路摇摇摆摆的，遇到危险时双翅滑雪的速度却很快。

绅士风度

王企鹅的外形和帝企鹅相差不大，大小仅次于帝企鹅，长得很"绅士"，身高约 90 厘米，体重约 15 千克。王企鹅的姿态优雅，性格温驯，外表美丽，深受人们的喜爱。它们长着细长的嘴巴，头、喙、脖子是橘色的，很艳丽，脖子下方是红色的羽毛，并向下和向后伸展，非常漂亮。

🔸 抱团取暖

天气变得越来越冷的时候,王企鹅们会抱团取暖,彼此紧紧靠在一起来抵御寒冷。它们外出活动的时间没有规律,白天黑夜都可能出去,平时分散成小群捕食。

小档案

别称:国王企鹅

科名:企鹅科

特征:颈部侧面的橘黄色斑十分明显,前肢功能已经退化,成为鳍脚,有鳞片状的羽毛

分布:南极洲以及附近岛屿

食物:小鱼、乌贼、甲壳类

🔸 生活环境

王企鹅的生活范围在南纬 48°— 62° 之间,北极的冷水和北部的温水在这里交汇,海水里有很多适于王企鹅生长的养分。王企鹅一般都在南极大陆活动,有时会追逐幼鸟,到达马尔维纳斯群岛和新西兰的南部。

披"蓝色外衣"的小蓝企鹅

在企鹅的大家族里,小蓝企鹅的体型最小,是唯一一种有蓝色羽毛的企鹅,十分可爱。

长得萌萌哒

小蓝企鹅高约43厘米,重约1千克。雄性企鹅比雌性稍大一点,不过羽毛的颜色没有差别。它们的头和背部是靛蓝色,耳朵附近呈青灰色,腹部是白色的。脚底和脚蹼为黑色,脚向上露出的部分为白色。相比成年企鹅,小企鹅羽毛的颜色稍淡一些,喙也稍短一些。

伴侣不固定

小蓝企鹅一般一年左右就个体成熟,可以进行繁殖。每年的三四月份是它们的求偶期,这时的气温很低,达到零下 40℃。小蓝企鹅找到伴侣后,彼此会很忠诚,一起繁育小企鹅。但是到了第二年,大多数的小蓝企鹅都会寻找新的伴侣。

又当爹又当妈的雄企鹅

雌性小蓝企鹅产下蛋后,必须返回大海中捕食,以补充能量。雄性小蓝企鹅用育儿袋包着蛋开始孵化,大约要 65 天,期间不进食。小蓝企鹅出生后,如果雌企鹅还没归来,雄企鹅就从食道的一个分泌腺中,分泌一种乳白色的物质来喂养小企鹅。雌企鹅归来后,雄企鹅才会去海里觅食。

小档案

别称:蓝企鹅、小企鹅、小鳍脚企鹅、仙企鹅
科名:企鹅科
特征:向内的一面为白色,喙是深灰色的,大约三四厘米长,靛蓝色的鳍外部
分布:新西兰西海岸、澳大利亚东南部海岸
食物:鱿鱼、鱼类及其他小型的水生动物

天然呆萌的雪鸮

　　哈利·波特有一只叫海德薇的宠物,是一只很可爱的白色猫头鹰。现实中,这种白色的猫头鹰叫作"雪鸮"。

小档案

别称:白鸮、雪枭、雪鹰、白猫头鹰

科名:鸱鸮科

特征:又小又圆的头,面盘不太明显,耳朵上没有羽簇,嘴上长满了须状羽,像刚毛一样

分布:北极地区

食物:昆虫、鼠类、鸟类

与众不同的白羽毛

人们见到的猫头鹰，基本都是褐色或棕色的，白色的猫头鹰则非常少见。雪鸮全身的羽毛为纯白色，只是在头、胸、背、腰、双翅、两肋和尾部等地方会有一些横斑。相比之下，雌鸟和幼鸟的横斑更多些。雄鸟年龄越大，羽毛越白。白色的羽毛是冬季里很好的伪装。而且雪鸮的羽毛很浓密，能保持体温，可以抵挡零下50℃的严寒。

听觉、视觉灵敏

雪鸮的身体功能比一般的猫头鹰更好些。它的头部可以转动270°，眼球包含大量的聚光细胞，可以目视到极远地方的微小物体。它的听觉非常灵敏，眼眶周围的羽毛形成环状竖直排列，可以把声波反射到耳孔内。因此，即使在冰雪下或草丛里，它们也可以靠着声音捕获食物。

适应力强

雪鸮不同于一般的猫头鹰，不是昼伏夜出，而是白天黑夜皆可活动。雪鸮一般独居，都有自己的地盘，一般一平方千米内只有两对。虽然因为天气严寒食物常常会短缺，但雪鸮有着很强的适应能力，还会适时地向南部迁徙。

美丽忠诚的雪雁

雪雁振翅时的频率高,喜欢迁徙,也喜欢群居,实行一夫一妻制,夫妻共同哺育幼鸟。

吃素的鸟

雪雁是吃素的鸟儿,主要吃植物。它的喙比较坚硬,能挖出植物深埋地下的根。它吃的根的种类很多,包括植物的根和茎、杂草的根等,也吃玉米种子。生活在越冬区的雪雁,以谷类和庄稼的嫩枝为生。

迁徙前换毛

雪雁喜欢群居,不繁殖的雪雁会离开繁殖的雁群,在安全僻静的地方换毛,换毛是为了不影响迁徙时的飞翔。雪雁的飞羽是一次性脱尽的,此时的雪雁毫无飞翔的能力,必须隐藏在草丛里或湖泊中,避免被天敌伤害。

别称: 白雁、雪鹅

科名: 鸭科

特征: 洁白的羽毛,黑色的翼角,喙为扁平状,边缘呈锯齿状,腿在身体的中心支点上

分布: 北美洲的亚热带及温带地区、日本、中国

食物: 植物

婀娜多姿的身材

　　雪雁的腿比较短,前趾间有蹼,尾巴也不长。身长一般为66—84厘米,雄雁和雌雁的体重有所差异,前者为2.7千克左右,后者为2.5千克左右。雪雁的羽毛是纯白色的,初级飞羽是黑色的,羽基则是淡黑色,初级覆羽是灰色,翼翅尖呈现黑色。头颈部有少许锈色,嘴和腿是粉红色的,嘴裂呈黑色。黑白的点缀,使其看起来格外婀娜多姿。雪雁的寿命一般为25年左右。

带"抗冻蛋白质"的鳕鱼

鳕鱼的肉质非常的鲜嫩、厚实、刺少,肉味鲜美,清口不腻,许多国家都将鳕鱼作为主要食用鱼类。

嘴大吃四方

鳕鱼的头和嘴都很大,身体有些扁,体长可达50余厘米,体重一般为300—750克。它的触须长度和眼径差不多,两颌和犁骨上都长着绒毛状的牙齿。身体表面覆盖着小圆鳞,容易脱落。它的鳍由鳍条构成,分为3个背鳍,2个臀鳍,各鳍都没有硬棘。鳕鱼的头部、背部和体侧都是灰褐色的,只有腹部是灰白色。

抗冷小将

南极鳕鱼的血液里有种叫"抗冻蛋白质"的特殊物质,能把鳕鱼血液的冰点降低。如果剔除这些抗冻蛋白质,温度为零下1℃时,鳕鱼的血液就会凝结。有了这些物质,温度为零下2℃时,鳕鱼才会被冻结。

小档案

别称:鳘鱼

纲名:硬骨鱼纲

特征:侧扁的身体较长,大头,吻部突出,小眼在两侧稍偏上的位置,有显著的尾柄

分布:太平洋西北部、中国东海北部、黄海、渤海

食物:甲壳类、软体动物、小鱼

蹿个像拔节

鳕鱼生长很快,3岁时体长为17厘米,4岁时就达到19.5厘米,5岁时为21厘米,6岁时达到22厘米。北极鳕鱼可以存活7年。它们的身体一般在4岁时成熟,大部分鳕鱼一生只排一次卵,排卵期间不吃不喝。产完卵的鳕鱼会游到河的下游或者河口,最后游到外面的大海中。

温和美丽的驯鹿

雌雄驯鹿都有角,是一种很美丽的鹿科动物。由于性格温驯,人们还可以把它当成一种交通工具呢。

小档案

别称:角鹿

科名:鹿科

特征:全部都有分枝繁复的角,宽大的蹄子,发达的悬蹄,短尾巴

分布:欧、亚、北美三洲的北极圈附近

食物:木本植物的嫩枝叶、问荆、蘑菇、石蕊

毛色有分别

　　驯鹿腹面和尾下部、四肢内侧的毛为白色,背部的毛色则随季节而变化,夏季呈深褐色,冬季时颜色会稍浅,变为棕灰。不同亚种、不同性别的驯鹿,毛色在不同的季节都会有差别。驯鹿在 5 月开始褪毛,冬毛在 9 月开始生长。

每只驯鹿都有角

　　每只驯鹿都有角,分成许多叉枝。雄鹿 3 月会脱角,雌鹿则晚一些,得到 4 月的中下旬左右。角的分叉数量最多不超过 30 叉。

不变的迁徙

　　春天到来时,驯鹿们就离开了过冬时的森林和草原,沿着既定的路线向北迁徙。它们的队伍井然有序,雌鹿打头,雄鹿跟随。它们非常辛苦,日夜赶路,边吃边走。在路上,它们的冬毛褪掉,长出了新的绒毛。脱落的绒毛,年复一年地堆积在路上,成为它们前进时的路标。几百年过去了,驯鹿们依然这样安静地行进着。驯鹿们保持匀速前行,只有遇到狼和猎人时,它们才会奔跑起来,生命的角逐在寂静的草原上展开。

鸟中神偷贼鸥

贼鸥不爱劳动，所以冬季时没有巢穴居住，也懒得飞到别处去找吃的东西，它们就赖上考察站了，靠吃站上的生活垃圾过日子。

企鹅的坏邻居

贼鸥常会在企鹅繁殖期间不怀好意地光顾，伺机叼走它们的蛋或者小企鹅。怒不可遏的大企鹅就会和贼鸥打斗，但往往是"鸟飞蛋打"，闹得鸡犬不宁。为了达到偷窃的目的，贼鸥会团伙行动，分工合作，一个引开大企鹅，另一个背地里下手偷盗。

鸟中"无赖"

虽带"贼"字，贼鸥却羽毛洁净，嘴喙黑得发亮，圆眼睛也亮亮的。尽管如此，它掠夺争抢的本性，却让人们讨厌它。别的鸟在繁殖期间，它会偷人家的鸟蛋和雏鸟。它自己繁衍后代时，大肆争抢别的鸟儿寻觅到的食物。为了偷东西方便，贼鸥的窝一般都靠着海鸥和其他鸟类的窝。它的窝可不是自己筑起来的，而是把别的鸟儿赶走，强行据为己有。

小档案

科名：贼鸥科
特征：外形像海鸥，但更加粗重，身体为淡褐色，有白色的大翅斑，身体不大，重约 1.5 千克
分布：北极地区、中国南部沿海、南沙群岛
食物：海鸥等其他海鸟、企鹅蛋、磷虾

对人类下手

贼鸥对食物一点也不挑剔，鱼虾、鸟蛋、幼鸟、海豹的尸体，它们都甘之如饴。考察站里的剩菜剩饭它们也会盯上，甚至会偷走食品库里的食品。科学工作者在户外考察，随身携带的食品，贼鸥也会出其不意地抢走。

冷血的南极海狗

雄性南极海狗的体长可达 2 米，体重为雌性的好几倍。

小档案

别称：海狼、岛海狮、南极毛皮海狮

科名：海狮科

特征：头部和身体都覆盖粗毛和密厚的绒毛，深灰褐色的背部，腹部颜色稍浅，突出的头骨额，又短又宽的吻

分布：南极洲水域

食物：企鹅、南极鱼、乌贼、磷虾

奔跑潜水都是高手

南极海狗在海滩上奔跑时的最快速度为每小时 20 千米，能像狗一样快速跑过来咬人。它的潜水记录能达 1000 英尺。海狗的口臭很重。一般雌海狗能活 23 年，雄海狗只能活 13 年。

悍夫护妻

每年的春天是海狗的繁殖期，十几万只海狗在南乔治亚岛上进行交配繁殖，得到交配权的海狗会很凶悍地保护自己的妻子。雌海狗在来年的繁殖季节进行生产，小海狗出生 7 天后，就得自己独立生活，因为母海狗会再度进行交配。